Wafaa Elkady

ADN com caraterização botânica e estudo biológico de 2 espécies de Gazania

Wafaa Elkady

ADN com caraterização botânica e estudo biológico de 2 espécies de Gazania

ScienciaScripts

Imprint

Cover image: www.ingimage.com

This book is a translation from the original published under ISBN 978-3-659-85648-8.

Publisher:
Sciencia Scripts
is a trademark of
Dodo Books Indian Ocean Ltd. and OmniScriptum S.R.L publishing group

120 High Road, East Finchley, London, N2 9ED, United Kingdom
Str. Armeneasca 28/1, office 1, Chisinau MD-2012, Republic of Moldova, Europe
Managing Directors: Ieva Konstantinova, Victoria Ursu
info@omniscriptum.com

Printed at: see last page
ISBN: 978-620-8-59904-1

Índice:

Perfil comparativo de ADN, identificação botânica e avaliação biológica avaliação biológica de *Gazania longiscapa* DC e *Gazania rigens* L.

Capítulo 1

1. Introdução

As espécies de *Gazania* pertencentes à tribo Arctoteae da família Asteraceae [1] contêm cerca de 25 espécies herbáceas nativas da África do Sul. Várias espécies de *Gazania* são cultivadas no Egito, entre as quais *G. longiscapa*, também designada por *Gazania linearis* (Thunb.) Druce, *Gazania stenophylla, Gorteria linearis* (Thunb) e conhecida pelo nome comum de flor do tesouro, e *G. rigens*, também designada por *Gazania splendens, Gorteria rigens*, conhecida pelo nome comum de gazania costeira. São ervas perenes ou raramente anuais. Na medicina popular, o género *Gazania* tem sido utilizado para prevenir abortos, dores de dentes e incorporado em preparações purgativas com aloés[2]. *A G. nivea* tem actividades antioxidantes e hepatoprotectoras[3], enquanto a atividade antimicrobiana foi observada na *G. rigens*[4].

No entanto, pouco foi encontrado na literatura disponível sobre os caracteres botânicos das espécies escolhidas[5]. Pareceu interessante lançar luz sobre as caraterísticas macro e micro-morfológicas de ambas as espécies de *Gazania* para ajudar na sua identificação e diferenciação nas formas inteira e em pó.

A caraterização botânica de espécies de plantas estreitamente relacionadas é atualmente muito apoiada pelo exame de vários critérios genéticos decisivos, como a impressão digital do ADN. É considerada uma ferramenta promissora para a autenticação de espécies de plantas medicinais e especialmente útil em espécies ou variedades que são morfologicamente e/ou fitoquimicamente indistinguíveis[6].

O perfil proteico também é frequentemente utilizado em taxonomia para fornecer provas válidas para a resolução de vários problemas taxonómicos e tem tido uma ampla aplicação na resolução de relações sistemáticas[7]. Uma vez que as diferenças entre espécies se baseiam em diferenças genéticas, a comparação direta de genes é difícil e demorada, pelo que estas diferenças podem ser facilmente medidas comparando os produtos da atividade genética utilizando proteínas como marcadores genotípicos[8]. Esta técnica é considerada rápida e pouco dispendiosa[9]. Assim, o objetivo deste trabalho foi orientado para a discriminação entre *G. longiscapa* e *G. rigens* através do estabelecimento de diferentes critérios botânicos e genéticos e também da avaliação da sua atividade biológica.

Capítulo 2

2. Material e métodos

2.1. Perfil botânico

As amostras das ervas *G. longiscapa* e *G. rigens*, incluindo as partes subterrâneas (raízes e rizomas), foram colhidas na plantação do Ministério da Agricultura localizada no quinto assentamento, novo Cairo, Egito. A planta foi gentilmente identificada e autenticada pelo Prof. Dr. Abd Alsalam El Noiehy, Professor de Taxonomia Vegetal, Departamento de Botânica, Faculdade de Ciências, Universidade Ain Shams. Os materiais vegetais frescos de diferentes órgãos foram conservados em álcool etílico a 70% contendo 5% de glicerina logo após a recolha.

Os espécimes para estudos morfológicos foram secos de acordo com as técnicas padrão de herbário e as amostras foram mantidas no Departamento de Farmacognosia, Faculdade de Farmácia, Universidade do Futuro no Egito (FUE). As fotografias foram tiradas com uma câmara digital Samsung (DV 150F Dual-view (16,2) Megapixels).

As figuras foram obtidas utilizando o microscópio ótico Carl Zeiss (Suíça) modelo DM1000, equipado com uma câmara leica microsystems (Suíça) Ltd CH-9435 Heerbrugg tipo: EC3T.

2.2. Perfil genético

Foi realizado no Laboratório de Investigação em Biotecnologia, Instituto de Investigação em Horticultura, Centro de Investigação Agrícola.

2.2.1. Impressão digital de ADN

As folhas frescas inteiras de ambas as plantas em estudo foram liofilizadas separadamente e trituradas em pó fino sob azoto líquido antes do isolamento do ADN.

2.2.1.1. Extração de ADN.

O ADN foi extraído de 0,2 g de tecido foliar em tubos de microcentrífuga de 1,5 ml, utilizando o método de extração de ADN descrito por Williams *et al*[10].

2.2.1.2. Primers de oligonucleótidos

Foram efectuadas duas técnicas para uma boa análise estatística.

- *Análise RAPD -PCR* (ADN polimórfico amplificado aleatoriamente): PCR amplification was performed using six random deca-mer arbitrary primers synthesized by (Operon biotechnologies, Inc. Alemanha, com as seguintes sequências OP-A09: 5'GGG TAA CGC C 3'; OP-B09: 5' TGG GGG ACT C 3'; OP-B11: 5'GTA GAC CCG T 3'; OP-C04: 5' GAT GAC CGC C 3'; OP-C19: 5' GTT GCC AGC C 3'; OP-M01: 5' ACG GCG TAT G 3'.
- *Análise ISSR -PCR* (inter simple sequence repeat):

A amplificação por PCR foi efectuada utilizando seis iniciadores ISSR sintetizados por (Operon biotechnologies, Inc. Alemanha) com as seguintes sequências HB-08: 5' GAG AGA GAG AGA GG 3'; HB-10: 5' GAG AGA GAG AGA CC 3'; HB-11: 5' GTG TGT GTG TGT TGT CC 3'; HB-12: 5' CAC CAC CAC CAC GC 3'; HB-15: 5' GTG GTG GTG GC 3'.

2.1.1.3. Reação em cadeia da polimerase (PCR).

A amplificação por PCR na análise RAPD e ISSR foi efectuada de acordo com o método descrito por Williams *et al*[10].

2.2.2. Perfil proteico

2.2.2.1. Preparação da amostra.

A extração de proteínas foi realizada misturando separadamente 0,2 g de tecido vegetal em pó de cada espécie com 1 ml de tampão de amostra [solução de Tris borato (pH 8,2) (1:3 v/v)]. A pasta foi centrifugada a 6000 rpm durante 10 minutos. O sobrenadante contendo o extrato proteico foi utilizado imediatamente para eletroforese. As proteínas de *G. longiscapa* e *G. rigens* foram analisadas por eletroforese contínua em gel de poliacrilamida de acordo com o método descrito por Stegmann[11].

2.2.2.2. Pontuação de dados de proteínas.

O perfil de ligação das proteínas no gel foi fotografado. O perfil de bandas foi digitalizado utilizando o SynGene System, versão 4.00A (Gene tools electrophoresis analysis system). O densitómetro determinou a posição e a percentagem de cada fração proteica no perfil proteico das sementes de ambas as amostras. O peso molecular de cada banda foi calculado por comparação com um marcador de peso molecular.

2.3. Atividade biológica

2.3.1. Preparação do extrato

As partes aéreas de ambas as espécies de *Gazania* foram recolhidas separadamente e secas ao ar, depois extraídas com metanol a 80% até à exaustão, os extractos aquosos de metanol obtidos foram evaporados separadamente sob pressão reduzida e os resíduos obtidos foram esgotados separadamente com CHCl3. Os restantes resíduos de metanol foram utilizados para testes biológicos.

2.3.2. Animais:

Durante as experiências, foram utilizados ratos machos mais sábios, com um peso de 125-150 g, e ratinhos suíços com um peso corporal de 20-30 g. Os ratos foram utilizados para o estudo da toxicidade aguda, atividade anti-inflamatória e analgésica central, enquanto os ratinhos foram utilizados para a atividade analgésica periférica. Os ratos e os ratinhos foram obtidos na colónia de animais do Centro Nacional de Investigação, Dokki, Giza, Egito. Os animais foram alojados em gaiolas metálicas normais numa sala com ar condicionado a 22 ± 3°C, 55 ± 5% de humidade e receberam dieta normal de laboratório e água ad libitum. As experiências foram realizadas entre as 9:00 e as 15:00 h. Os procedimentos com os animais foram realizados de acordo com o Comité de Ética do Centro Nacional de Investigação e seguiram as recomendações do Comité Nacional de Investigação.

Institutes of Health Guide for Care and Use of Laboratory Animals (Guia de Cuidados e Utilização de Animais de Laboratório).

2.3.3. Medicamentos, produtos químicos e kits de diagnóstico:

- A indometacina foi obtida da Epico, Egypt Int. pharmaceutical Industries Co., ARE sob licença da MERCK Co. Inc-Rahaway, NJ, EUA e utilizada na dose de 25 mg/kg de acordo com Suleyman *et al*[12].
- O tramadol foi obtido da October Pharma S.A.E., 6-October City - Giza-EGYPT e utilizado na dose de 20 mg/kg, de acordo com Sacerdote *et al*[13].
- O ácido acético e a carragenina foram obtidos da Sigma, EUA.
- A alanina aminotransferase (ALT) e a aspartato aminotransferase (AST) foram analisadas de acordo com Reitman e Frankel [14].
  - Creatinina e azoto ureico no sangue (BUN) de acordo com Teger-Nilsson[15] e Tabaco *et al.*[16].
  - Todos foram obtidos da Biodiagnostic Co., Egito.

2.3.4. Estudo de toxicidade aguda

Os extractos de ambos os *Gazania* foram dissolvidos em água destilada e administrados por via oral a ratos em doses graduais até 5 g/kg. O grupo de controlo recebeu os mesmos volumes de água destilada. A percentagem de mortalidade dos extractos foi registada 24 horas mais tarde.

Em seguida, os ratos foram divididos em 2 grupos de 12 ratos cada (6 machos e 6 fêmeas) da seguinte forma - 1st grupo de controlo: os ratos receberam água destilada. Grupo 2nd: os ratos receberam uma dose oral única de 5000 mg/kg (dose máxima que não causou mortalidade).

Observação dos ratos durante 14 dias, para detetar quaisquer alterações na pele e no pelo, nos sistemas respiratório, circulatório, autónomo e nervoso central, na atividade somatomotora e no padrão comportamental. Foi feita uma observação particular de tremores, convulsões, salivação, diarreia, letargia, sono e coma. O sangue foi colhido do plexo venoso retro-orbital de ratos anestesiados após 14 dias, o soro foi separado e utilizado para análise hematológica (glóbulos vermelhos RBC, volume corpuscular médio MCV, hemoglobina, plaquetas e glóbulos brancos WBCs) e para avaliação de testes de função hepática (ALT sérica, AST) e testes de função renal (creatinina e

BUN).

2.3.5. Atividade anti-inflamatória (odema da pata induzido por carragenina)

O edema da pata foi provocado pela injeção sub-plantar de 100 il de uma suspensão estéril de carragenina lambda a 1% em soro fisiológico na pata traseira direita [17].

A pata contralateral recebeu um volume igual de solução salina. O componente edema da inflamação foi quantificado medindo a pata traseira imediatamente antes da injeção de carragenina e 1 a 4 horas após a injeção de carragenina com um calibre micrométrico [18]. O edema foi expresso em percentagem de alteração em relação aos valores de controlo (pré-droga). Os ratos foram divididos em oito grupos de seis elementos cada. Grupo 1st: os ratos receberam salina por via oral (0,2 ml/rato) como controlo, grupo 2nd: os ratos receberam indometacina (25 mg/kg). Grupos 3rd - 5th: os ratos receberam extrato de partes aéreas *de G. rigens* (250, 500, 1000 mg/kg, respetivamente). Grupo 6th - 8th: os ratos receberam extrato das partes aéreas de *G. longiscapa (*250, 500, 1000 mg/kg) respetivamente. A indometacina e os extractos foram administrados por via oral 60 minutos antes da injeção da suspensão de carragenina.

2.3.6. Atividade antinociceptiva

Esta atividade foi determinada medindo as respostas dos animais aos estímulos químicos e térmicos.

2.3.6.1. Teste químico

Contorções induzidas por ácido acético em ratinhos [19-21]. Os ratos foram divididos em seis grupos e receberam diferentes concentrações de ambos os extractos por via oral, para atividade anti-inflamatória. Após 30 minutos de intervalo, os ratinhos receberam 0,6% de ácido acético i.p (0,2 ml/rato). O número de contorções num período de 30 minutos foi contado e comparado.

2.3.6.2. Ensaio térmico

O teste da placa quente foi realizado de acordo com Eddy e Leimback[22], utilizando uma placa quente controlada eletronicamente (Ugo Basile, Itália) ajustada a 52°C ± 0,1°C e o tempo de corte foi de 60s. Os ratos foram divididos em oito grupos, tal como mencionado anteriormente na atividade anti-inflamatória, sendo registado o tempo decorrido até à ocorrência de lamber as patas ou de saltar, antes e 1 e 2 horas após a administração oral de solução salina, tramadol e ambos os extractos.

Capítulo 3

3. Resultados e discussão

3.1. Perfil botânico

3.1.1. Macromorfologia

3.1.1.1. Macromorfologia de G. longiscapa

A G. longiscapa é uma planta ornamental, que floresce de março a junho. A erva tem cerca de 50 cm de comprimento. É uma erva perene que cresce a partir de rizomas,. formando tapetes ou aglomerados

3.1.1.1.1. ***A raiz*** (Figura 1-E): Adventícia quase cilíndrica, com 10 a 15 cm de comprimento e cerca de 0,3 a 0,5 cm de diâmetro na parte central. Produz numerosas raízes laterais curtas e afiladas que, por sua vez, produzem numerosas radículas. Externamente, a raiz é de cor castanha terrosa com uma superfície rugosa.

3.1.1.1.2. ***O rizoma*** (Figura 1-J): *G. longiscapa* não tem caule ou quase [23]; tem um caule subterrâneo (rizoma); é quase cilíndrico, com 10 a 30 cm de comprimento e cerca de 0,5 a 1 cm de diâmetro. Externamente, é de cor castanha e tem uma superfície rugosa.

3.1.1.1.3. ***A folha*** (Figura 1-F): São folhas simples, agrupadas num tufo basal, pois não têm caule, a lâmina tem uma forma variável, lanceolada e inteira ou pináfida, tem um ápice agudo a acuminado, branco-tomentoso na parte inferior, glabro ou quase na parte superior, margens um pouco revolutas e ciliadas (Figura 1-G & H), têm cerca de 18-20 cm de comprimento e 2-4 cm de largura. São inodoros e insípidos.

3.1.1.1.4. ***A flor*** (Figura 1-A): A inflorescência é um capitulo terminal ligado a um pedúnculo verde-avermelhado. O capitulo apresenta tonalidades de amarelo vivo e laranja. Os raios florais têm manchas escuras perto das bases, enroladas para cima ao longo dos bordos, e fecham-se à noite. A flor não tem odor ou sabor caraterístico.

3.1.1.1.4.1. *O pedúnculo* (Figura 1-I): É ereto, cilíndrico, ligeiramente curvo, liso, de cor verde-avermelhada e mede de 10-20 cm de comprimento e 3-5 mm de diâmetro.

3.1.1.1.4.2. *O recetáculo* (Figura 1-G): É semelhante a um disco, plano a quase curvo, com cerca de 1-2 mm de altura e 1-2 cm de diâmetro, rodeado por um invólucro de 2-4 filas de brácteas seladas, semelhante a uma tampa na base, dentado no ápice.

3.1.1.1.4.3. *Os floretes dos raios* (Figura 1-I): Estão dispostos num verticilo, com 15 - 20 floretes, são zigomórficos, pistilados, sésseis, medem 6 - 7 cm de comprimento e 0,5 - 0,8 cm de largura na parte média da corola.

3.1.1.1.4.3.1. O cálice (Figura 1-I): Apresenta-se com um pappus de poucas cerdas.

3.1.1.1.4.3.2. A corola (Figura 1-I): Cada florete tem uma corola em forma de tira, oblonga lanceolada, de cor alaranjada nos dois terços superiores e com uma mancha castanha alaranjada escura no terço inferior. A superfície é lisa; tem uma margem inteira ligeiramente curvada.

3.1.1.1.4.3.3. O androecium: Ausente.

3.1.1.1.4.3.4. O gineceu: Um ovário indistinto; onde o estilo e o estigma estão ausentes.

3.1.1.1.4.4. Os floretes do disco (Figura 1-I): São muitos floretes dispostos em muitas espirais. Os floretes do disco são actinomórficos, hermafroditas e sésseis.

3.1.1.1.4.4.1. O cálice: É representado por um pappus de numerosas cerdas peludas como o cálice, cada uma medindo cerca de 0,5 - 0,7 cm de comprimento.

3.1.1.1.4.4.2. A corola: É constituída por 5 pétalas tubulares amarelas, livres na parte superior, mas fundidas na parte inferior, formando uma corola tubular que mede cerca de 1 cm de comprimento e cerca de 1 mm de diâmetro.

3.1.1.1.4.4.3. O androceu: É constituído por 5 estames epipétalos singénios, inseridos na parte superior da corola, com filamentos curtos e livres e anteras unidas de cor laranja. Os estames têm 0,2-0,3 cm de comprimento, estão dispostos em vários verticilos e têm o mesmo comprimento. As anteras têm cerca de 0,1 cm de comprimento; são cilíndricas, cor de laranja, glabras e bilobadas.

3.1.1.1.4.4.4. Gineceu: ovário pouco visível a olho nu; o estilete é filiforme, de cor alaranjada, com cerca de 0,4-0,6 cm e estigma bífido.

3.1.1.1.5. ***A semente*** (Figura 1-K): É um pequeno aquénio coberto com pêlos muito compridos, várias vezes superiores ao comprimento do corpo das sementes.

Figura 1. Fotografia de *G. longiscapa*. **A**; A flor (X = 0,4); **B;** Planta inteira (X = 0,1)**;** **C**; Vista superior da flor (X = 0,4); **D** e **E**; As fotos mostram a inserção das folhas (X = 0,1); **F**; As folhas apresentam lâmina variável (X = 0,2); **G e H;** As folhas apresentam margens revolutas (X = 0,5); **D;** Floretes de disco e raio (X = 0,5); **J**; O rizoma (X = 0,2). **K**; A semente (X = 1,5); clx, cálice; d ft, florete do disco; pd, pedúnculo; recp, recetáculo; ry ft, florete do raio.

3.1.1.2. Macromorfologia de G. rigens.

***G. rigens* pode ser diferenciada de *G. longiscapa* pelo seguinte:**

1. *A G. rigens* tem caules curtos e rastejantes acima do solo de 30-50 cm que suportam várias cabeças de flores.

2. *G. rigens* tem um caule (Figura 2-E) cilíndrico, sólido, herbáceo quando fresco, cartilaginoso e quebradiço quando seco. Apresenta uma ramificação monopodial em que as folhas estão dispostas alternadamente e geralmente termina com um capitulo. O

caule atinge até 30-50 cm de comprimento e até 0,5 cm de diâmetro. A superfície é quase lisa, de cor verde pálida, com uma fratura fibrosa curta. É insípido e inodoro.

3. *As folhas* (Figura 2-G) são simples, longas e estreitas (ou seja, estreitamente oblanceoladas), com 10-15 cm de comprimento e 0,7-1 cm de largura, com superfícies superiores verdes ou acinzentadas e inferiores esbranquiçadas e peludas. As folhas estão dispostas alternadamente ou densamente agrupadas ao longo do caule. Apresentam margens inteiras.

4. *As cabeças das flores* (capitula) (Figura 3-A, B e C) nascem isoladamente em pedúnculos que se originam no eixo . da folhaO pedúnculo é ereto e tem 815 cm de comprimento. O capitulum (3-4 cm de diâmetro) tem numerosas flores de raio (1-2 cm de comprimento), de forma estreitamente oval a alongada.

Os caracteres macromorfológicos de *G. rigens* eram semelhantes aos relatados anteriormente[4]

Figura 2. Fotografia de *G. rigens*. **A** e **B**, a planta inteira (X = 0,4). **C**, a cabeça da flor e o pedúnculo (X = 0,3). **D**, disco e florete de raio (X = 1). **E**, as fotos mostram os ramos do caule (X = 0,15). **F**, O rizoma e as raízes (X = 0,1). **G**, superfície superior e inferior das folhas (X = 0,6); **H**, a semente (X = 2). clx = cálice; d ft = florete do disco; pd = pedúnculo; recp = recetáculo; ry ft = florete do raio.

3.1.2. Micromorfologia

3.1.2.1. Micromorfologia de G. longiscapa.

3.1.2.1.1. ***A raiz*:** Uma secção transversal da raiz (Figura 3-A e B) tem um contorno quase circular. É formada por uma cortiça estreita seguida por um córtex consideravelmente largo e um periciclo que envolve um anel completo de um estelo largo que ocupa três quartos do diâmetro da raiz. O estelo é constituído por largos vasos internos de xilema e pelo floema no lado exterior.

A cortiça (Figura 3-A e B). É formada por 3-4 filas de células acastanhadas dispostas radialmente; têm uma forma poligonal com paredes finas não lenhificadas (Figura 5).

O córtex (Figura 3-A e B). É formado por 6-7 filas de células alongadas tangencialmente, de paredes finas, sem amido, oxalato de cálcio e esclerênquima.

A endoderme (Figura 3-A e B). É indistinta e é composta por células tangencialmente alongadas com paredes finas.

O periciclo (Figura 3-A e B). É formado por 3-4 filas de células parenquimatosas de paredes finas interrompidas por cerca de 3 grupos de fibras pericíclicas, compostas por fibras lenhificadas de paredes espessas com lúmen estreito.

O tecido vascular (Figura 3-A e B). É constituído por um anel completo de feixes vasculares radiais (tri-arqueados), separados por lotes de periciclo e atravessados por raios medulares uni ou bisseriados. *O floema* É formado por tubos crivosos, células companheiras e parênquima do floema. *O xilema* é formado por elementos dispostos radialmente. Os vasos apresentam espessamento anular lignificado. As fibras da madeira são fusiformes com lúmen largo e ápice rombo. O parênquima lenhoso é constituído por raios medulares que são formados por células rectangulares alongadas (Figura 5).

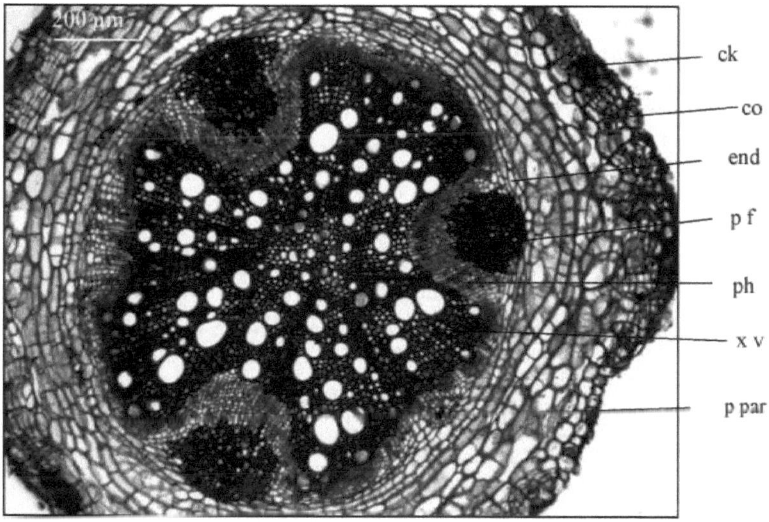

A (X = 100)

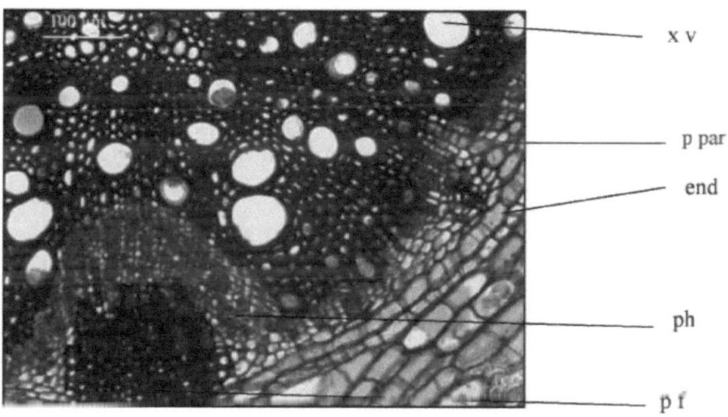

B (X = 200)

Figura 3. S.T. da raiz de *G. longiscapa* DC.; ck = cortiça, co = córtex, end = endoderme, p f = fibra do periciclo, p par = parênquima do periciclo, ph = floema, x v = vasos do xilema.

3.1.2.1.2. ***O rizoma***: um corte transversal no rizoma (Figura 4) mostra um contorno arredondado e ligeiramente ondulado, uma cortiça estreita seguida de um córtex largo e vários feixes vasculares colaterais, cerca de 14-18, rodeando uma medula central larga. Os feixes são grandes de um lado e muito mais pequenos do outro lado e estão separados uns dos outros por raios medulares.

A cortiça: Consiste em 4-6 filas de células tangencialmente alongadas, dispostas radialmente, que parecem poligonais à vista da superfície, com paredes anticlinais rectas suberizadas, medindo 0,4- 0,5^m.

A feloderme: Duas filas de células parenquimatosas dispostas tangencialmente abaixo da camada de cortiça e *do córtex* que consiste em várias filas (23-25) de células parenquimatosas alongadas tangencialmente com paredes celulósicas finas sem amido e cristais de oxalato de cálcio.

O tecido vascular: Vários feixes vasculares estão dispostos radialmente em torno da medula parenquimatosa. Existem 7-8 feixes vasculares grandes de um lado e 7-10 feixes mais pequenos do outro lado; estão separados por raios medulares multiseriados.

O floema: é constituído por várias fileiras de elementos do floema e pelo parênquima do floema.

O xilema: É constituído por fibras lenhosas lenhificadas, traqueídos e parênquima lenhoso.

Os vasos: Têm um lúmen largo com paredes anulares lignificadas, reticuladas, medindo 0,1 iim de diâmetro.

Os traqueídos (Figura 5): São estreitos e alongados, com ápices ligeiramente rombos e paredes lenhificadas com buracos.

As fibras da madeira (Figura 5)**:** São lignificadas, rectas ou irregulares, com paredes moderadamente espessadas, tendo cada uma delas um lúmen largo com um ápice rombo.

O parênquima lenhoso (Figura 5): São de forma poliédrica a retangular, mais ou menos alongados e com paredes lenhificadas moderadamente espessadas.

Os raios medulares (Figura 5): Consistem em 2-5 fileiras que atravessam o floema e o xilema e possuem células poligonais alongadas com paredes celulósicas não-lignificadas na região do xilema e paredes celulósicas finas na área do floema.

Medula: Consiste em grandes células de parênquima celulósico de paredes finas, de forma ligeiramente arredondada a irregular e isentas de amido e de cristais de oxalato de cálcio.

- *O rizoma e as raízes em pó* têm uma cor amarela acastanhada, são inodoros e o sabor é ligeiramente salgado. Microscopicamente (Figura 5), caracteriza-se pelo seguinte:

a) Fragmentos de células de cortiça castanhas, poligonais e suberizadas.
b) Fragmentos de fibras de madeira lenhificada com paredes rectas, com lumina larga e ápices rombos.
c) Fragmentos de parênquima lenhoso poliédrico a retangular com células lenhificadas poliédricas a rectangulares.
d) Fragmentos de traqueídos com paredes lenhificadas, longas e pontiagudas e

lúmens largos.

e) Fragmentos de vasos do xilema com espessamento anular.

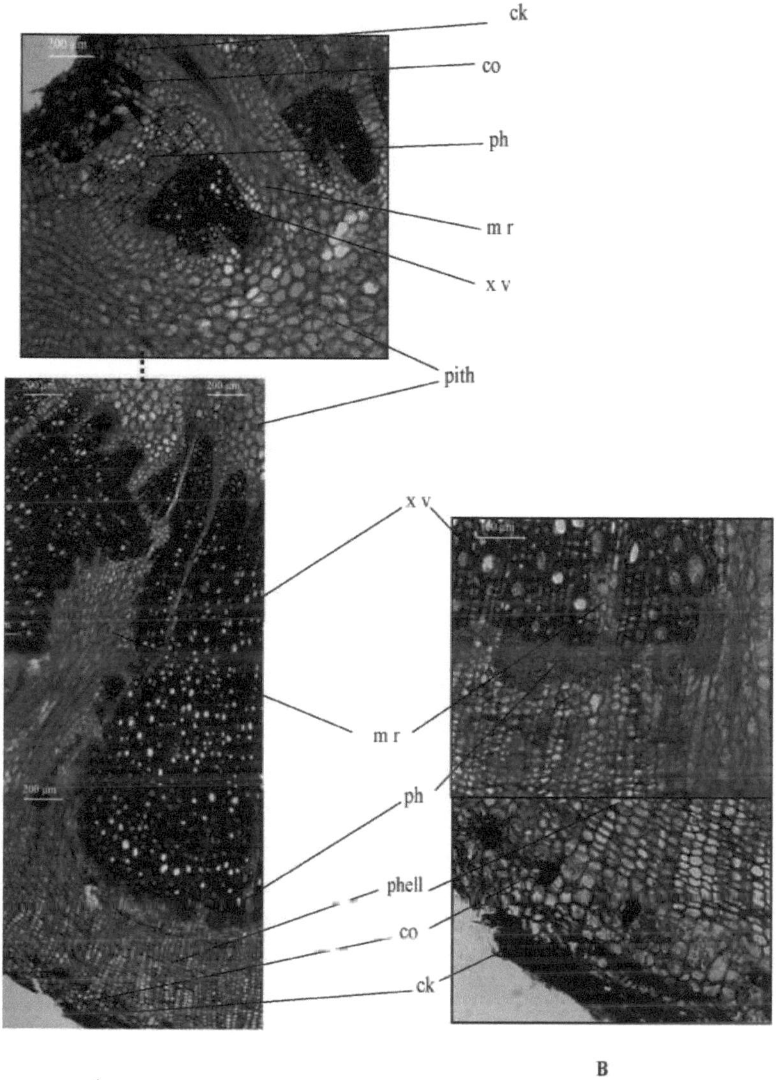

Figura 4. Micromorfologia do rizoma *de G. longiscapa* [sector detalhado no rizoma A (X=50); B (X=100)]; ck = cortiça, co = córtex, m r = raio medular, phell = feloderme, ph = floema, x v = vasos do xilema.

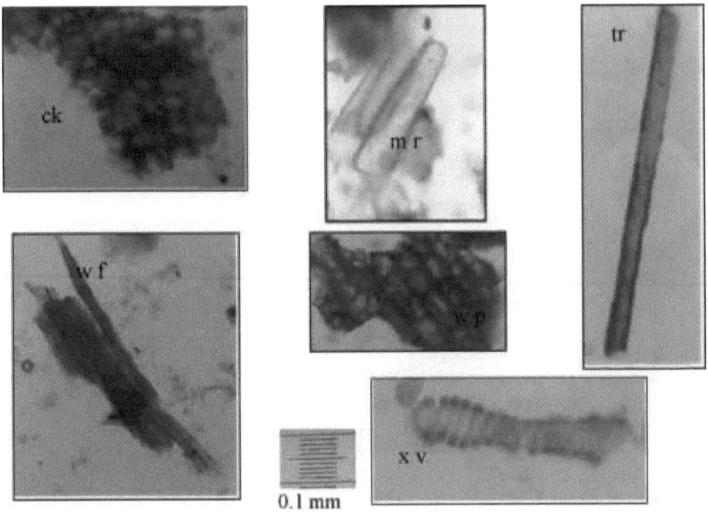

Figura 5. Micromorfologia do rizoma e da raiz *de G. longiscapa* em pó; ck = cortiça (X = 100), m r = raio medular (X = 150), tr = traqueídeo (X = 400), w f = fibra da madeira (X = 100), w p = parênquima da madeira (X = 100), x v = vasos do xilema (X = 100).

3.1.2.1.3 ***A folha:***

Lâmina foliar: uma secção transversal através da lâmina foliar (Figura 6) mostra uma nervura mediana proeminente na superfície inferior, enquanto a superfície superior é quase plana. Revela uma estrutura dorsiventral com a camada superior da paliçada constituída por 2-3 filas de células colunares sem espaço intercelular, interrompida na região da nervura central por parênquima esponjoso subepidérmico de ambos os lados superior e inferior. O sistema vascular da nervura central é constituído por um feixe vascular colateral que forma um anel e é composto por um xilema radiado, floema e rodeado por um periciclo. A epiderme superior está quase isenta de pêlos, enquanto a epiderme inferior tem diferentes tipos de pêlos, glandulares e não glandulares. As células epidérmicas superiores coram-se de amarelo com o reagente KOH, o que indica a presença provável de flavonóides.

Epiderme constituída por:-

i}A epiderme superior: é formada por uma fila de células sub-rectangulares a quadradas em vista lateral, enquanto em vista superficial as células são poligonais, geralmente isodiamétricas a ligeiramente alongadas com paredes anticlinais rectas. Os estomas estão presentes e são do tipo anomocítico (figura 7).

ii}A epiderme inferior: é formada por uma fila de células subrectangulares a quadradas em vista lateral e parece ser mais pequena do que a epiderme superior, enquanto em vista superficial as células parecem poligonais, alongadas com paredes anticlinais rectas e cobertas por uma cutícula lisa. A maioria das células epidérmicas inferiores contém diferentes tipos de tricomas , exceto na região abaixo da nervura central. Os pêlos glandulares parecem ter uma cabeça unicelular com um pedúnculo unicelular. Os pêlos não glandulares são unicelulares ou bicelulares unisseriados, rectos e curvados, e os pêlos cotonosos também estão presentes em grande número (Figuras 6 e 7).

iii}A epiderme neural: as células epidérmicas neurais superiores são constituídas por uma fila de células poligonais isodiamétricas ou ligeiramente alongadas, com paredes anticlinais rectas, apresentando poucos estomas anomocíticos; enquanto as células epidérmicas neurais inferiores parecem mais alongadas do que as superiores, com paredes anticlinais rectas, cobertas por poucos tricomas glandulares e não glandulares e desprovidas de estomas (figura 7).

O mesofilo: é homogéneo, apresentando uma camada superior de paliçada constituída por 2-3 filas de células colunares, cilíndricas e de paredes finas. O tecido esponjoso é constituído por 3-4 filas de células de parênquima mais ou menos arredondadas a irregulares com amplos espaços intercelulares.

Região da nervura central: constituída por

i}Tecido cortical: formado por parênquima que envolve o feixe vascular principal da nervura central; 7-8 filas de células de parênquima acima do feixe, mas apenas 3-4 filas abaixo, seguidas de 1-2 camadas de células de colênquima. A endoderme é indistinta, composta por uma fila de células alongadas tangencialmente.

ii}O periciclo: é constituído por 3-6 filas de células parenquimatosas de paredes finas.

iii}O tecido vascular: é representado pelo feixe vascular principal da nervura central e pelos feixes laterais das nervuras. Cada feixe vascular é constituído por um xilema, um floema e rodeado por um periciclo. *O floema*: é representado por uma zona estreita de elementos moles entre o xilema e o periciclo. É constituído por tubos de peneira, células companheiras e parênquima do floema. *O câmbio*: é formado por cerca de 3 fileiras de células celulósicas cambiformes. *O xilema:* é formado por vasos lignificados que se apresentam com espessamento espiralado e, por vezes, anular, com parênquima lenhoso celulósico não lignificado de paredes finas. Os raios medulares são células celulósicas de paredes finas, alongadas radialmente, com cerca de uma célula de largura.

- *As folhas em pó* são de cor verde pálido, inodoras e o sabor é ligeiramente salgado. Microscopicamente (Figura 7), caracteriza-se pelo seguinte:

a) Fragmentos da epiderme superior, de aspeto poligonal isodiamétrico a ligeiramente alongado, com paredes anticlinais rectas, que se coram de amarelo a amarelo alaranjado com KOH devido à presença de flavonóides.

b) Fragmentos de epiderme inferior mais alongados do que a superior.

c) Fragmentos de estomas de tipo anomocítico.

d) Fragmento de pelo glandular com uma cabeça bicelular e um pedúnculo unisseriado bicelular.

e) Fragmento de cabelo unicelular não glandular..,

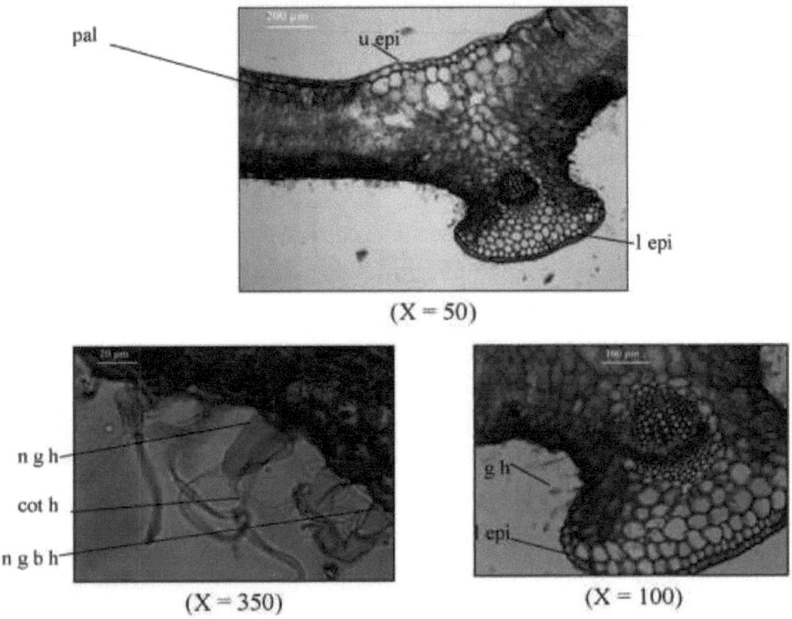

Figura 6 Micromorfologia da folha de *G. longiscapa*; cot h = pelo cotonoso, g h = pelo glandular, l epi = epiderme inferior, l v b = feixe vascular lateral, n g b h = pelo dobrado não glandular, n g h = pelo não glandular, pal = células em paliçada, u epi = epiderme superior.

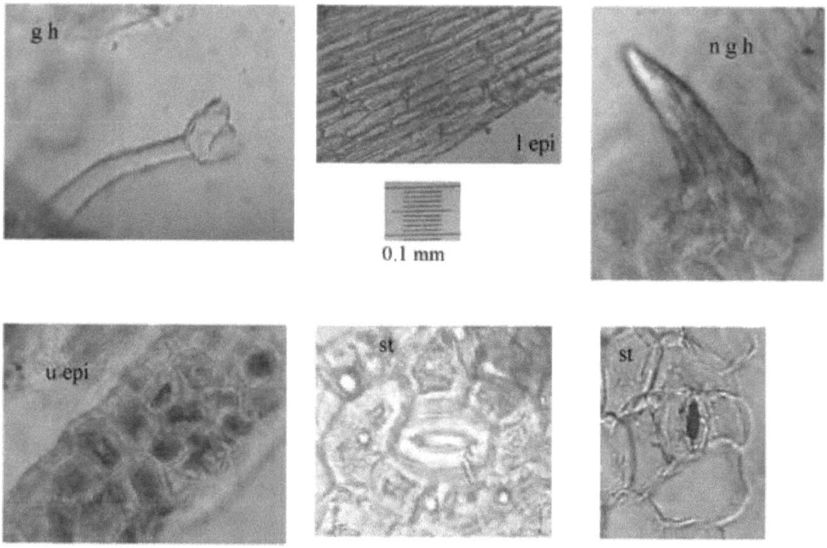

Figura 7 Micromorfologia das folhas de *G. longiscapa* em pó; g h = pêlos glandulares (X = 300), l epi = epiderme inferior (X = 150), n g h = pêlos não glandulares (X = 300), u epi = epiderme superior (X = 400), st = estomas (X = 400).

Tabela (1) dimensões dos diferentes elementos dos órgãos em estudo em microns de *G. longiscapa.*

Parâmetro medido	**Tamanho (mín-máx)gm**		
	L	**W ou D**	**H**
Raiz e rizoma			
Cortiça	40,60	30,70	20, 30
Raio medular	166, 130	40, 46	
Traqueia	175, 250	10, 15	
Fibra de madeira	350, 200	20, 30	
Vasos do xilema		50, 90	
Folha			

Epiderme inferior	133, 100	20, 26	2
Epiderme superior	22.5, 25	22.5, 30	5
Pelos não glandulares	100, 110	50, 65	
Estomas	25, 30	25, 50	
Pêlos glandulares			
Perseguir	106, 110	16, 20	
Cabeça		40,45	
Vasos do xilema		10, 5	

3.1.2.2. Micromorfologia de *G. rigens*. A estrutura micromorfológica dos diferentes órgãos de *G. rigens* é mais ou menos semelhante à dos respectivos órgãos em *G. longiscapa* e também à relatada anteriormente [4], mas pode ser diferenciada e caracterizada da seguinte forma

- *A raiz* (Figura 8)

a. Ausência de manchas de fibras pericíclicas.

b. O floema forma um anel contínuo à volta do xilema.

- *O caule* (Figura 9)

a. Os feixes vasculares no caule *de G. rigens* estão dispersos radialmente e são todos mais ou menos do mesmo tamanho.

- *A folha* (Figura 10)

a. Na região mediana das costelas, tem cerca de 5 pequenos feixes vasculares colaterais separados.

b. Apenas se observaram pêlos de algodão.

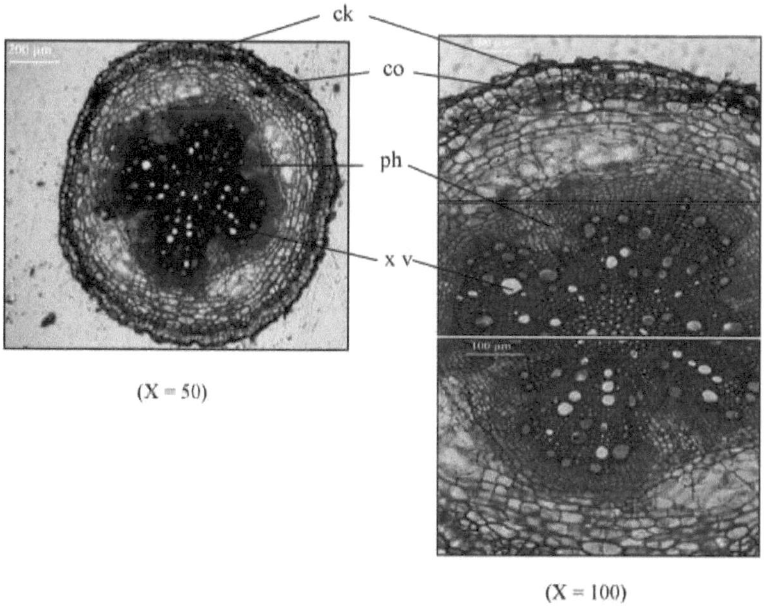

Figura 8 Micromorfologia da raiz de *G. rigens*; ck = cortiça, co = córtex, end = endoderme, ph = floema, x v = vasos do xilema.

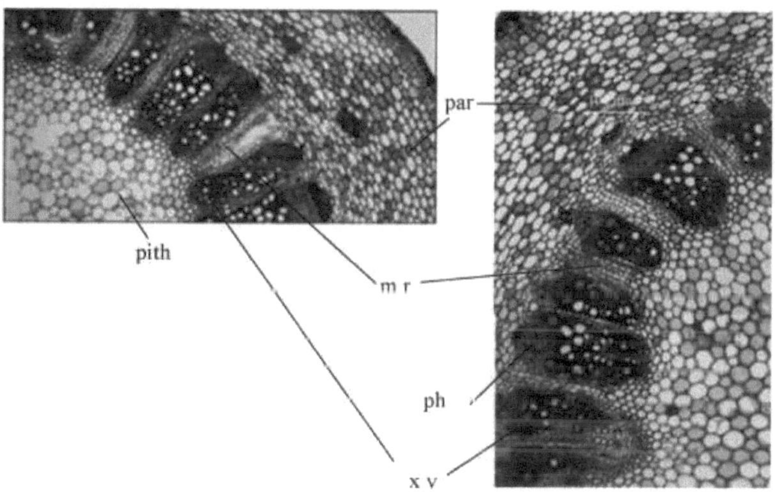

Figura 9 Micromorfologia do rizoma de *G. rigens* (X = 100); ck = cortiça, co = córtex, end = endoderme, m r = raio medular, ph = floema, w p = parênquima lenhoso, x v = vasos do xilema.

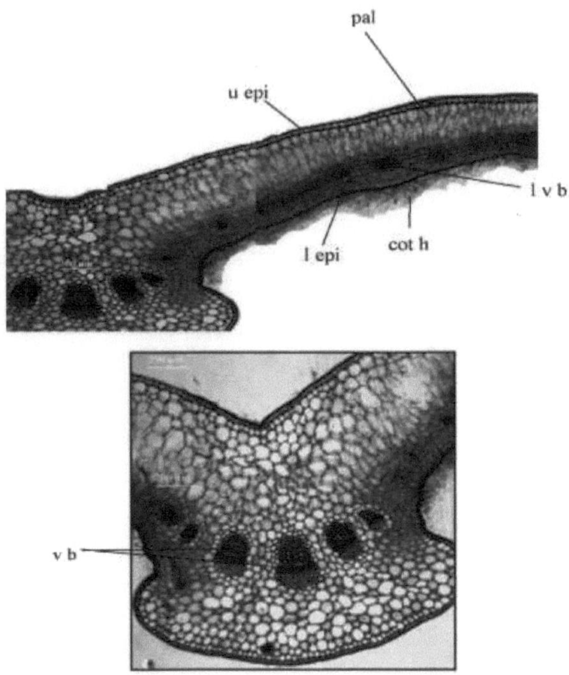

Figura 10 Micromorfologia da folha de *G. rigens* (X = 50); cot h = pêlos cotonosos, l epi = epiderme inferior, l v b = feixe vascular lateral, pal = células paliçadas, u epi = epiderme superior, v b = feixe vascular.

3.2. Perfil genético

3.2.1. Impressão digital de ADN

Neste estudo, o ADN extraído de cada uma das duas espécies de *Gazania* foi amplificado utilizando 2 técnicas diferentes (RAPD e ISSR) para detetar a variabilidade genética entre elas. Os perfis de bandas obtidos produzidos pelos iniciadores utilizados na análise RAPD e ISSR estão representados nas (Figuras 11 e 12).

As técnicas RAPD e ISSR produziram perfis de bandas múltiplas com o número de fragmentos de ADN amplificados a variar entre 22 na análise ISSR e 29 na análise RAPD em ambas as espécies. Por outro lado, o número total de fragmentos foi de 74 bandas, 23 das quais eram polimórficas, representando um nível de polimorfismo de 31%. O maior grau de similaridade (100%) foi observado utilizando os primers OPC-04, OPC-19 e OPM-01, enquanto o menor grau de similaridade (10%) foi observado utilizando os primers OPB-09 e OPB-11, a percentagem de bandas monomórficas e polimórficas resultantes das técnicas ISSR e RAPD pode ser observada na (Tabela 2). OP-A09

Banda Não.	M.W Bp	Espécies	
		1	2
1	620	1	1
2	580	0	1
3	540	1	1
4	500	1	1
5	470	1	1
6	450	1	0
7	325	1	1
8	310	1	1
9	250	1	1
10	175	0	1
Total		8	9

OP-B09

Banda	M.W	Espécies	
Não.	Bp	1	2
1	600	0	1
2	500	1	1
3	420	1	1
4	380	0	1
5	290	1	1
6	240	1	0
Total		4	6

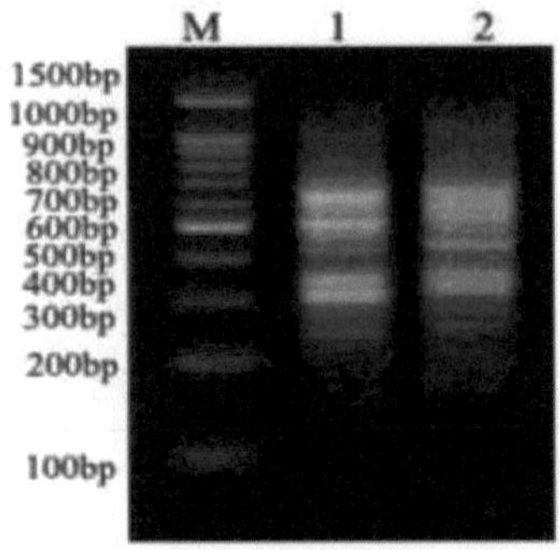

OP-A09

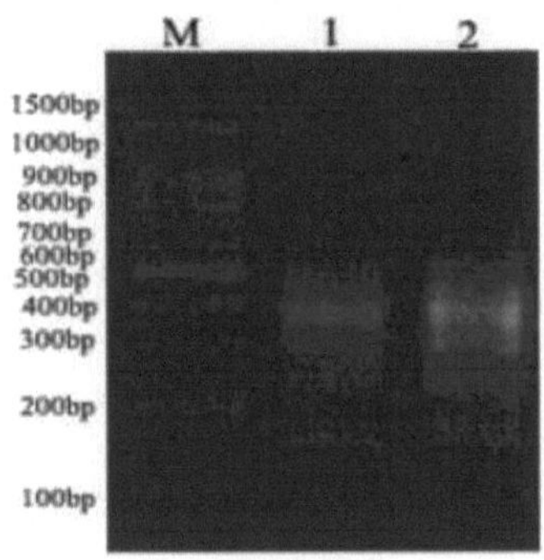

OP-B09

OP-B11

Banda Não.	M.W Bp	Espécies	
		1	2
1	900	1	0
2	650	0	1
3	620	1	1
4	590	1	0
5	400	1	0
6	370	1	1
7	350	0	1
8	240	0	1
9	200	1	0
10	160	1	0
Total		7	5

OP-C04

Banda	M.W	SP	ecies
Não.	Bp	1	2
1	500	1	1
2	330	1	1
3	290	1	1
4	270	1	1
5	180	1	1
6	160	1	1
Total		6	6

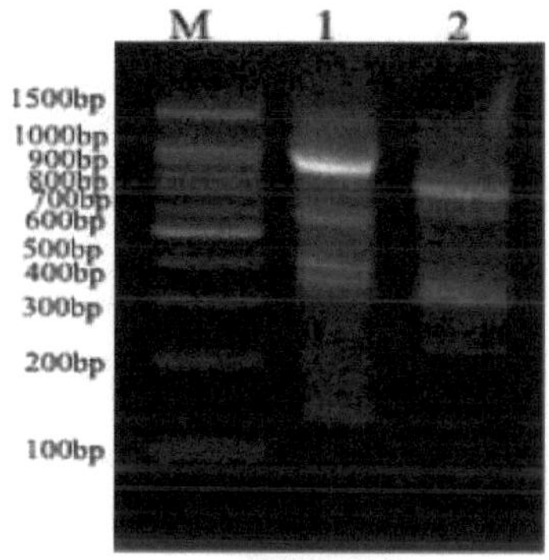

OP-B11

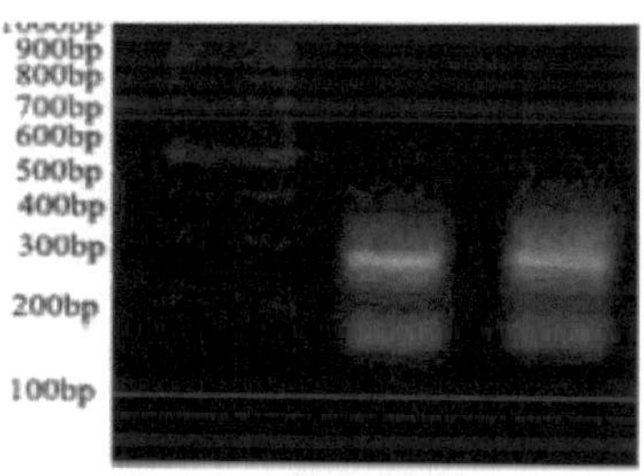

OP-C04

OP-C19

Banda Não.	M.W Bp	Espécies	
		1	2
1	630	1	1
2	600	1	1
3	500	1	1
4	380	1	1

5	300	1	1
6	270	1	1
7	230	1	1
Total		7	7

OP-M01

Banda	M.W	Espécies	
Não.	Bp	1	2
1	625	1	1
2	400	1	1
3	340	1	1
4	200	1	1
Total		4	4

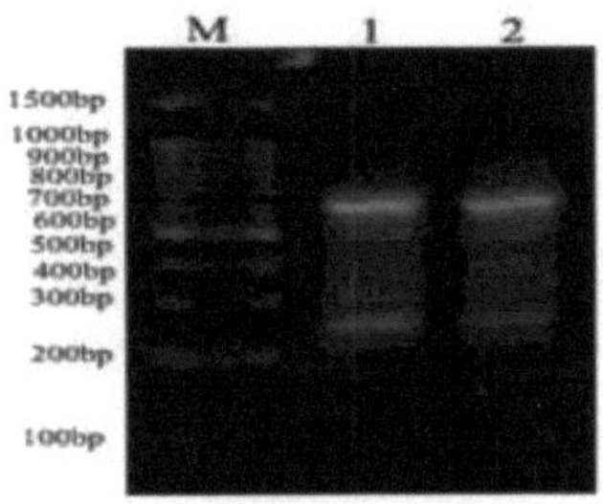

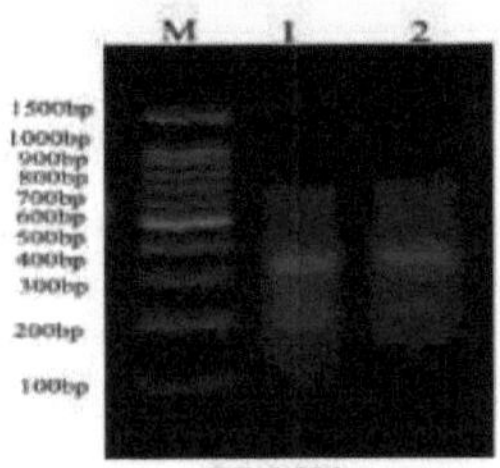

OP-M01

Figura 11 Perfis electroforéticos RAPD de *G. longiscapa* (Espécie 1) e *G. rigens* (Espécie 2).

HB-08

Banda	M.W	Espécies	
Não.	Bp	1	2
1	500	0	1
2	460	1	1
3	370	1	1
4	350	1	0
5	290	1	0

6	270	1	1
7	220	1	1
Total		6	5

HB-10

Banda	M.W	Espécies	
Não.	Bp	1	2
1	470	1	0
2	400	1	1
3	300	1	1
4	270	1	1
5	250	1	0
6	180	1	1
Total		6	5

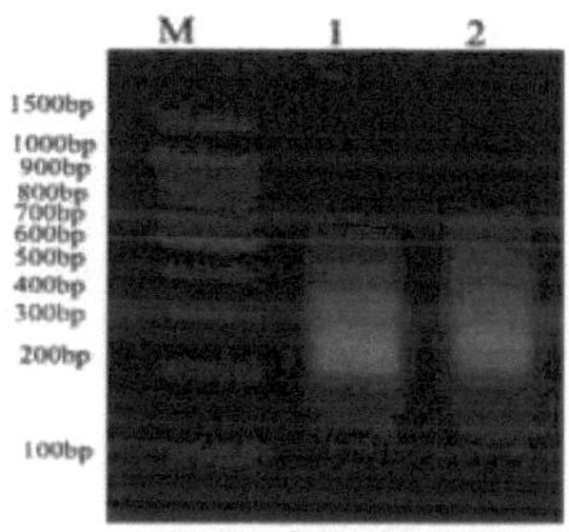

HB-08

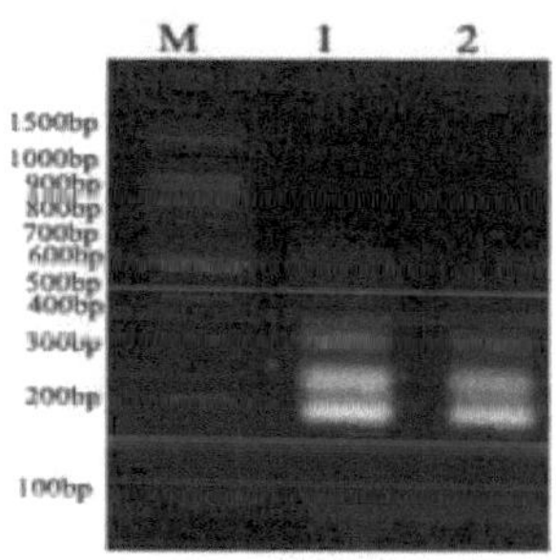

HB-10

HB-11

Banda	M.W	Espécies	
Não.	Bp	1	2
1	600	1	1
2	500	1	1

3	460	1	1
4	430	1	1
5	280	1	1
6	180	1	0
Total		6	5

HB-12

Banda	M.W	SP	ecies
Não.	Bp	1	2
1	940	1	1
2	700	1	1
3	540	1	1
4	360	0	1
5	300	1	1
6	270	0	1
7	220	1	1
Total		6	7

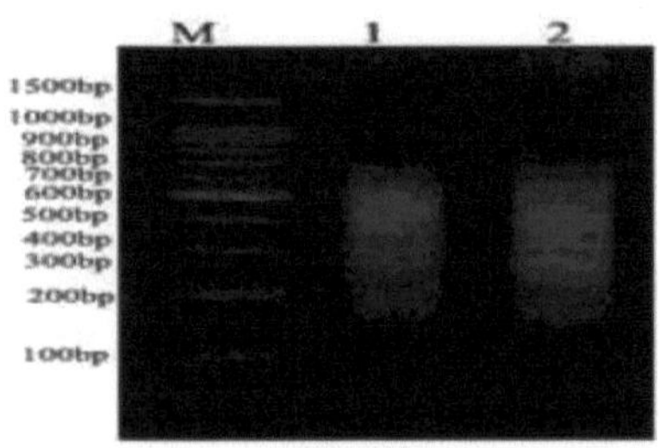

HB-11

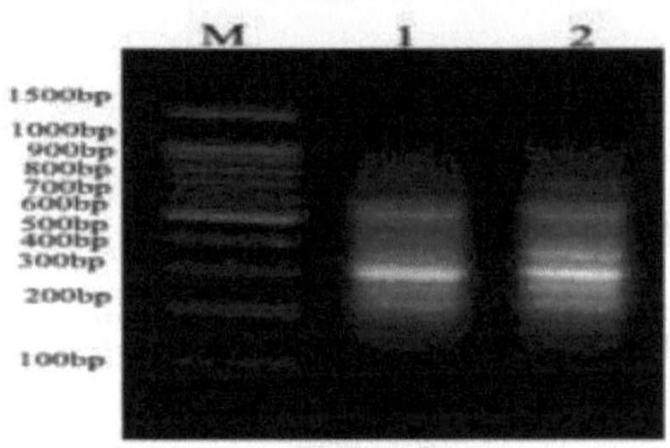

HB-12

HB-15

Banda	M.W	Espécies	
Não.	Bp	1	2
1	540	1	1
2	300	0	1
3	270	1	1
4	200	1	1
5	160	1	1
Total		4	5

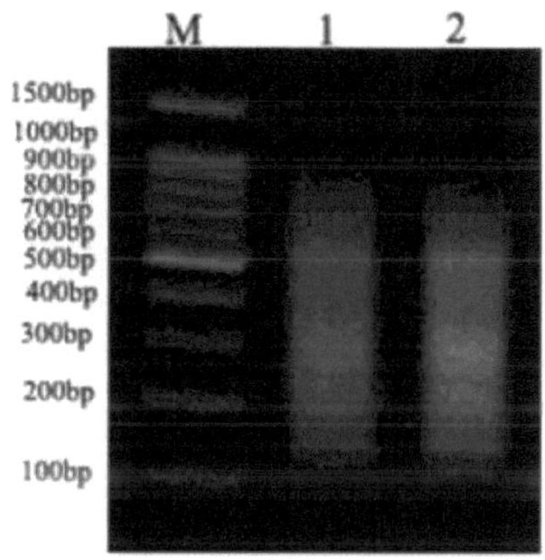

HB-15

Figura 12 Perfis electroforéticos ISSR de *G. longiscapa* (espécie 1) e *G. rigens* (espécie 2).

Tabela (2) Percentagem de bandas monomórficas e polimórficas

Técnica PCR	Banda total	Bandas únicas	Bandas monomórficas	Bandas polimórficas	Polimórfico %
RAPD	43	14	29	14	32.5%
ISSR	31	9	22	9	29%
Total	74	23	51	23	31%

3.2.2. Perfil de proteínas (Figura 13)

Os perfis proteicos de ambas as espécies de *Gazania* foram estudados e o perfil de bandas de proteínas observado é apresentado na Figura 13. O peso molecular das bandas reveladas e a sua distribuição entre as amostras estudadas sao apresentados no (Quadro 3). Os padrões de bandas de proteínas foram codificados com 0 ou 1, consoante a sua ausência ou presença em cada espécie. O número mais elevado de bandas (17) foi registado para *G. rigens*. O peso molecular observado nas amostras estudadas varia entre 115 e 15 KDa. O número total de bandas registadas em ambas as amostras é 18, entre as quais catorze são comuns a ambas as espécies, (16, 8 e 7 KDa) estavam ausentes das proteínas de *G. longiscapa* e (115 KDa) estava ausente das proteínas de *G. rigens*. O coeficiente de similaridade entre as duas amostras foi de 77,7%.

Tabela (3) Matriz de dados que ilustra a presença e ausência de bandas no padrão de bandas electroforéticas de proteínas para as espécies de *Gazania*

Banda Não.	M.W KDa	Espécies	
		1	2
1.	115	1	0
2.	102	1	1
3.	94	1	1
4.	77	1	1
5.	68	1	1
6.	61	1	1
7.	56	0	1
8.	50	0	1
9.	44	1	1
10.	37	1	1
11.	33	1	1
12.	30	1	1
13.	27	1	1
14.	24	1	1
15.	22	1	1
16.	21	0	1
17.	17	1	1
18.	15	1	1
Total		15	17

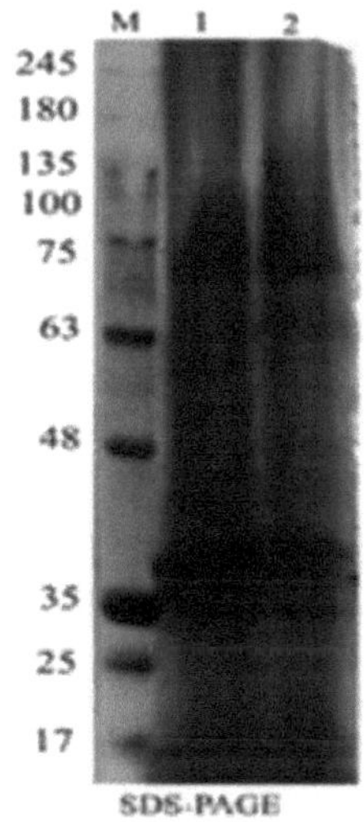

Figura 13. Perfil proteico de *G. longiscapa* (espécie 1) e *G. rigens* (espécie 2).

3.3. Atividade biológica

3.3.1. Estudo de toxicidade aguda

Os resultados não mostraram mortalidade após 24 horas de administração oral de ambos os extractos (*G. longiscapa* e *G. rigens*) em doses graduadas até 5 g/ kg e de acordo com Semler[24] que relatou que se apenas um nível de dose a 5 g/ kg não for letal, as agências reguladoras já não exigem a determinação de um valor LD50. Assim, as doses experimentais escolhidas foram 1/20, 1/10 e 1/5 de 5 g/kg de cada extrato de partes aéreas *de Gazania* (250, 500 e 1000 mg/kg). Após 15 dias de administração oral única dos extractos de ambas as espécies, os resultados revelaram que não foi determinada qualquer alteração significativa nos parâmetros hematológicos [RBC, MCV, hemoglobina, plaquetas e leucócitos] (Quadro 4), bem como nas funções hepáticas (ALT e AST séricas) e renais [creatinina sérica e BUN] (Quadro 5).

Tabela (4): Efeito da administração oral única dos extractos metanólicos das partes aéreas de *G. longiscapa* e *G. rigens* **(5 g/kg)** em alguns parâmetros hematológicos (hemácias, VCM, hemoglobina, plaquetas, leucócitos e linfócitos em ratos de ambos os sexos.

Parâmetros	**Hemácias** (103/gi)	**VCM** (fL)	**Hemoglobina** (g/dL)	**Plaquetas** (W)	**Leucócitos** (W)	**Linfócitos** (10^9/J)

Controlo normal masculino	6.87±0.28	58.25 ±1.80	14.45±0.15	466.50±11.70	14.95±0.47	63.15±1.48
G. longiscapa	6.41±0.21	59.75 ±0.93	13.65±0.45	461.50±34.50	15.60±1.41	63.03±0.50
G. rigens	6.87±0.11	55.26 ±1.68	13.70±0.22	465.40±13.22	14.60±1.81	67.70±4.99
Controlo normal feminino	6.44±0.26	55.47 ±0.13	13.23±0.60	459.33±39.49	9.97±0.84	63.77±0.76
G. longiscapa	6.58±0.16	54.63 ±0.80	13.23±0.17	450.33±42.37	10.30±1.36	63.77±1.67
G. rigens	6.73±0.14	53.98 ±0.89	13.48±0.24	451.75±19.89	10.60±1.61	65.23±2.56

Tabela (5): Efeito da administração oral única dos extractos metanólicos das partes aéreas de *G. longiscapa* e *G. rigens* **(5 g/kg)** em alguns parâmetros bioquímicos séricos (ALT, AST, Creatinina e Ureia) em ratos de ambos os sexos.

Parâmetros	**ALT** (U/ml)	**AST** (U/ml)	**Creatinina** (mg/dl)	**Ureia** (g/dl)
Controlo normal masculino	13.08±0.56	12.51±0.24	16.14±0.39	5.09±0.04
G. longiscapa	13.18±0.26	12.74±0.19	15.94±0.09	5.19±0.09
G. rigens	13.17±0.44	12.84±0.21	16.30±0.45	5.20±0.07
Controlo normal feminino	13.08±0.49	12.53±0.33	16.30±0.44	5.06±0.04

G. longiscapa	12.91±0.49	12.44±0.16	16.01±0.41	5.16±0.07
G. rigens	13.38±0.17	13.09±0.12	16.54±0.29	5.06±0.12

Os dados em ambas as tabelas foram expressos como média ± SE (n=6). A análise estatística foi efectuada por oneway (ANOVA) seguida do teste da diferença mínima significativa.
RBC = glóbulos vermelhos, MCV = volume corpuscular médio, WBC = glóbulos brancos, ALT = alanina aminotransferase, AST = aspartato aminotransferase.

3.3.2. Edema da pata induzido por carragenina

A injeção subplantar de 100 ml de carragenina estéril a 1% na pata traseira do rato provocou uma inflamação (inchaço e eritema) e um aumento dependente do tempo do edema da pata em 37,5, 43,75 e 43,75% à 1.ª, 2.ª e 3.ª horas, respetivamente, e a espessura da pata foi máxima em 47,91% às 4 horas após a injeção de carragenina, em comparação com os valores de controlo anteriores à carragenina.

A administração oral do extrato de *G. longiscapa* (250 e 500 mg/ kg) mostrou uma inibição não significativa da formação de edema na 1.ª, 2.ª e 3.ª horas, respetivamente, enquanto induziu uma inibição significativa do edema em 20,07 e 25,79 % após a 4.ª hora. Entretanto, *a G. longiscapa* (1000 mg/kg) induziu uma inibição significativa do edema de 23,81%, 37%, 37% e 48,90% à 1.ª, 2.ª, 3.ª e 4.ª horas, respetivamente, em comparação com o grupo de controlo da carragenina ao mesmo tempo após a injeção da carragenina.

A administração oral do extrato *de G. rigens* (250 mg/ kg) mostrou uma inibição não significativa da formação de edema, enquanto que (500 mg/ kg) induziu uma inibição significativa do edema em 25,33, 36, 17,71 e 49,90 % à 1st, 2nd, 3rd e 4th horas, respetivamente. Além disso, o extrato de *G. rigens* (1000 mg/ kg) mostrou uma inibição significativa do edema em 17,04, 33,99, 33,99 e 48,99% na 1ª, 2ª, 3ª e 4ª horas, respetivamente, em comparação com o grupo de controlo da carragenina ao mesmo tempo após a injeção da carragenina.

A indometacina (25 mg/ kg) demonstrou uma inibição significativa da formação de edema em 17,04, 39,06, 39,06 e 62,90% na 1.ª, 2.ª, 3.ª e 4.ª horas, respetivamente, em comparação com o grupo de controlo da carragenina no mesmo período após a injeção da carragenina.

Comparando os resultados de ambos os extractos com indometacina, os resultados revelaram que o extrato de *G. rigens* 500 mg/kg tem mais atividade anti-inflamatória do que *G. longiscapa* 1000 mg/kg, o que significa que *G. rigens* tem uma atividade anti-inflamatória mais potente do que *G. longiscapa* (Figura 14), (Tabela 6).

Tabela (6) Curso temporal do efeito da administração oral de indometacina, extrato metanólico de folhas de *G. rigens* L. e *G. longiscapa* (250 mg, 500 mg e 1000 mg/kg), na formação de edema da pata de rato induzido por injeção subplantar de carragenina a 1%.

Medicamentos (mg/kg oral)	**Zero min (basal)**	**1h edema (cm) (% de aumento)**	**% Inibição**	**2h edema (cm) %aumento**	**% Inibição**	**3h edema (cm) (aumento em %)**	**% Inibição**	**4h edema (cm) (aumento em %)**	**% Inibição**
Controlo da carragenina	0.48+0.02	0.66+ 0.02 (37.5%)	--	0.69 + 0.03 (43.75%)	--	0.69 + 0.03 (43.75%)		0.71 + 0.02 (47.91%)	
Indometamina (25mg/kg)	0.45+0.04	0.59+0.04* (31.11%)	17.04%	0.57+0.02* (26.66%)	39.06%	0.57+0.04* (26.66%)	39.06%	0.53+0.04* (17.77%)	62.90%
G. longiscapa **250mg /kg**	0.47+0.03	0.64+ 0.03 (36.17%)	3.54%	0.67+ 0.02 (42.55%)	2.74%	0.67+ 0.02 (42.55%)	2.74%	0.65+ 0.02* (38.29%)	20.07%
G. longiscapa **500mg/kg**	0.45+0.02	0.61+ 0.02 (35.55%)	5.2%	0.64+ 0.02 (42.22%)	3.49%	0.64 + 0.02 (42.22%)	3.49%	0.61 + 0.01* (35.55%)	25.79%
G. longiscapa **1000mg/kg**	0.49+0.02	0.63+0.01* (28.57%)	23.81%	0.65 + 0.01* (32.65%)	25.37%	0.65 + 0.01* (32.65%)	25.37%	0.61+ 0.01* (24.48%)	48.90%

Quadro (6) Cont.

Medicamentos (mg/kg oral)	Zero min (basal)	1h edema(cm) (% de aumento)	% Inibição	2h edema (cm) %aumento	% Inibição	3h edema (cm) (aumento em %)	% Inibição	4h edema (cm) (aumento em %)	% Inibição
G. rigens **250mg /kg**	0.47+0.01	0.64+ 0.03 (36.17%)	3.54%	0.67+ 0.01 (42.55%)	2.74%	0.68+ 0.02 (44.68%)	---	0.69+ 0.02 (46.80%)	2.31%
G. rigens **500mg/kg**	0.50+0.02	0.66+ 0.03* (32%)	14.66%	0.64+ 0.02* (28%)	36%	0.65 + 0.02* (30%)	31.42%	0.62 + 0.01* (24%)	49.90%
G. rigens **1000mg/kg**	0.45+0.01	0.59+0.02* (31.11%)	17.04%	0.58 + 0.02* (28.88%)	33.99%	0.58 + 0.03* (28.88%)	33.99%	0.56+ 0.004* (24.44%)	48.99%

Os dados representam a espessura da pata (cm) e a % de edema em comparação com os valores basais (tempo zero) para cada grupo entre parêntesis.
Os dados foram analisados utilizando ANOVA de uma via e teste de comparação múltipla de Dunnett* P<0,05
Vs valor de controlo da carragenina no respetivo momento.
A percentagem de inibição do edema foi calculada em comparação com o grupo de controlo da carragenina.

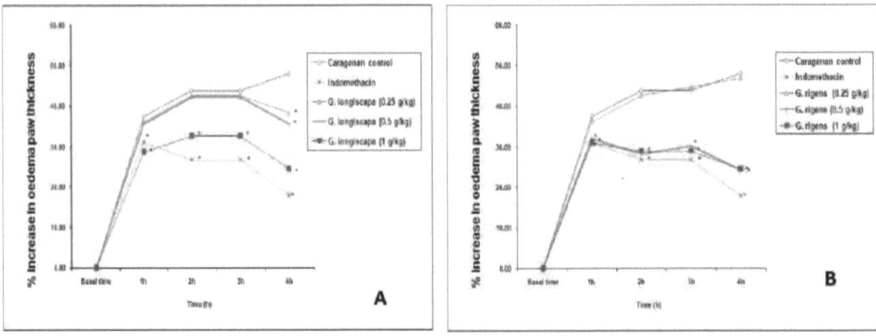

Figura 14. Curso temporal do efeito da administração oral de indometacina, extractos da parte aérea de *G. longiscapa* e *G. rigens* (250 mg, 500 mg e 1000 mg/kg) no aumento da espessura do edema da pata do rato induzido pela injeção subplantar de carragenina a 1%.
Os dados representam o valor médio ± E.S. de seis ratos e % de aumento da espessura do edema da pata
Os dados foram analisados utilizando ANOVA de uma via e teste de comparação LSD* P<0,05 Vs valor de controlo da carragenina no respetivo momento.

3.3.3. Atividade antinociceptiva

Esta atividade foi determinada medindo as respostas dos animais ao estímulo térmico e químico.

3.3.3. 1. Ensaio químico

No teste químico (teste de dor visceral), o extrato de *G. longiscapa* mostrou uma diminuição significativa do número de contorções em ratos após a injeção de ácido acético em 72,79, 89,46 e 62,5 % na dose de 250, 500 e 1000 mg/kg respetivamente, Também a administração do extrato de *G. rigens* mostrou uma diminuição significativa do número de contorções em 53,19, 82,84, 87,01 % na dose de 250, 500, 1000 mg/kg respetivamente em comparação com o grupo de controlo. Enquanto que o grupo tratado com indometacina mostrou uma diminuição significativa do número de contusões em 78,92% em comparação com o grupo de controlo.

Estes resultados mostraram que *a G. longiscapa* na dose de 250 e 500 mg/Kg. é mais potente do que a *G. rigens* na atividade antinociceptiva periférica em comparação com o grupo da indometacina (Figura 15), (Tabela 7&8).

Tabela (7) O efeito analgésico da administração oral do extrato de metanol de *G. longiscapa* DC. e indometacina (25 mg/kg) na dor visceral em ratos utilizando o teste de contorção (N=6).

Grupos	**Número de contorções / 30 min (X ± S. E)**	**% Inibição da contorção**	**Potência**

Controlo salino	81.6 ± 0.50	-	-
Indometacina (25 mg/kg)	17.20 ± 0.37*	- 78.92 %	1
Extrato :- 250mg/kg	22.20 ± 0.37*	- 72.79 %	0.92
500mg/kg	8.60 ± 0.24*	- 89.46 %	1.13
1000mg/kg	8.8± 0.20*	- 89.22 %	1.13

Os dados representam o valor médio ± S.E. de seis ratos por grupo e a percentagem de inibição do número de contorções / 30 min. A comparação estatística da diferença entre o grupo de controlo salino e os grupos tratados foi efectuada utilizando o teste t de Student. * = P <0,05. A potência foi calculada em comparação com a alteração percentual da indometacina.

Tabela (8) O efeito analgésico da administração oral do extrato metanólico de *G. rigens* L. e da indometacina (25 mg/kg) na dor visceral em ratos utilizando o teste de contorção (N=6).

Grupos	**Número de contorções / 30 min (X ± S. E)**	**% Inibição da contração**	**Potência**
Controlo salino	81.6 ± 0.50	-	-
Indometacina (25 mg/kg)	17.2 ± 0.37*	78.92 %	1
Extrato :- 250mg/kg	38.20 ± 0.37*	- 53.19 %	0.67
500mg/kg	14.00 ± 0.31*	- 82.84 %	1.05
1000mg/kg	10.00± 0.40*	- 87.01 %	1.10

Os dados representam o valor médio ± S.E. de seis ratinhos por grupo e a percentagem de inibição do número de contorções / 30 min. A comparação estatística da diferença entre o grupo de controlo salino e os grupos tratados foi efectuada por utilizando (teste t de Student) * = P <0,05.A potência foi calculada em comparação com a alteração percentual da indometacina.

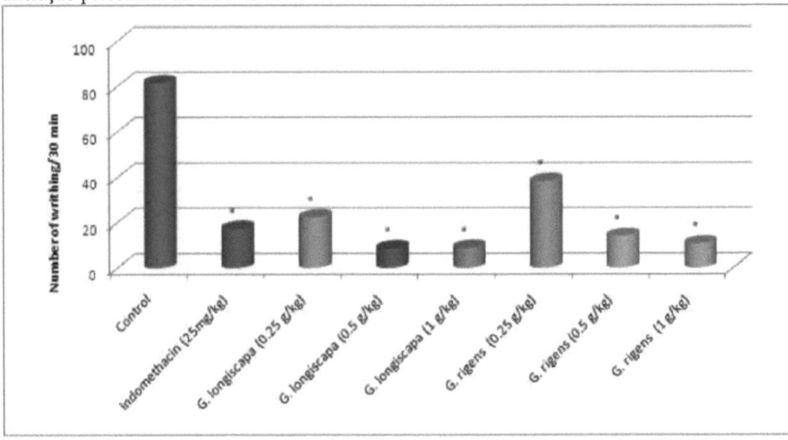

Figura 15. Efeito analgésico da administração oral de indometacina (25 mg/kg), extrato da parte aérea de *G. rigens* e *G. longiscapa* (250 mg, 500 mg e 1000 mg/kg), na dor visceral em ratos utilizando o teste de contorção.

Os dados representam o valor médio ± S.E. de seis ratos por grupo e o número de contorções / 30 min. A comparação estatística da diferença entre o grupo de controlo e os grupos tratados (indometacina, *G. longiscapa* e *G. rigens)* foi efectuada utilizando a ANOVA de uma via e o teste de comparação LSD * = P <0,05.

3.3.3.2. Ensaio térmico

O extrato *de G. longiscapa* na dose de 500 mg/kg induziu um prolongamento significativo no tempo de reação ao estimulante térmico em 16,11% apenas na ^{2a} hora, mas 1000 mg/kg em 14,9 e 37,12% na ^{1a} e ^{2a} horas, respetivamente. Enquanto que o extrato de *G. rigens* (500 e 1000 mg/kg) mostrou um prolongamento significativo no tempo de reação ao estimulante térmico em 22,47 e 29,81 % apenas às 2nd horas, em comparação com o valor pré-fármaco (tempo basal).

O grupo de ratos tratados com tramadol por via oral mostrou um prolongamento significativo do tempo de reação ao estimulante térmico em 30,19 e 54,55% à 1.^{a}e 2.^{a}horas, respetivamente, em comparação com o valor anterior ao medicamento (tempo basal).

A G. longiscapa é também mais potente do que a *G. rigens* na atividade antinociceptiva central em comparação com o grupo do tramadol. (Figura 16), (Quadro 9 e 10).

Tabela (9) Efeito analgésico da administração oral de extrato metanólico de *G. longiscapa* DC. e Tramadol (20 mg/kg) na dor térmica utilizando o teste da placa quente.

Grupo de tratamento	Basal	1 h			2 h		
	Latência (s)	**Latência (s)**	**Variação %**	**Potência**	**Latência (s)**	**Variação %**	**Potência**
Controlo salino	19.54 ± 0.15	19.92± 0.26	1.94 %	-	20.10±0.24	2.45 %	-
Tramadol	19.62±0.22	25.44 ±0.18*	29.66 %	1	30.20 ± 0.09*	53.92 %	1
Extrato :- 250mg/kg	20.18 ± 0.11	20.26± 0.16	0.40 %	0.01	20.30± 0.17	0.59 %	0.01
500mg/kg	19.48± 0.3	19.58± 0.31	0.51 %	0.02	22.62± 0.35*	16.11 %	0.3
1000mg/kg	20.26±0.16	23.28± 0.5 *	14.9%	0.7	27.78± 0.2*	37.12 %	0.7

Os dados representam o valor médio ±.S.E. de seis ratos por grupo, apresentados nos valores basais (tempo zero), 1h e 2h para cada grupo (solução salina, tramadol e extrato de metanol de *G. longiscapa* DC.). Comparações estatísticas entre os valores basais (valores pré-fármacos) e pós-fármacos. Os dados foram analisados com o teste t de Student. * = $P < 0.05$

Tabela (10) O efeito analgésico da administração oral do extrato metanólico das folhas de *G. rigens* L. e do Tramadol (20 mg/kg) na dor térmica utilizando o teste da placa quente.

Grupo de tratamento	basal	1 h			2 h		
	Latência (s)	**Latência (s)**	**Variação %**	**Potência**	**Latência (s)**	**Variação %**	**Potência**
Controlo salino	19.54 ± 0.15	19.92± 0.26	1.94 %	-	20.10±0.24	2.45 %	-
Tramadol	19.62±0.22	25.44 ±0.18*	29.66 %	1	30.20 ± 0.09*	53.92 %	1
Extrato :- 250mg/kg	19.66± 0.30	20.08± 0.45	2.14%	0.07	21.20 ± 0.14	7.83%	0.14
500mg/kg	20.12± 0.08	20.28± 0.49	0.80%	0.03	24.64 ± 0.37*	22.47 %	0.41
1000mg/kg	20.26±0.16	20.88± 0.2	3.06%	0.1	26.30± 0.82*	29.81 %	0.55

Os dados representam o valor médio ±.S.E. de seis ratos por grupo, apresentados nos valores basais (tempo zero), 1h e 2h para cada grupo (solução salina, tramadol e extrato de metanol de *G. rigens* L.). Comparações estatísticas entre os valores basais (valores pré-fármacos) e pós-fármacos. Os dados foram analisados com o teste t de Student. * = $P < 0.05$

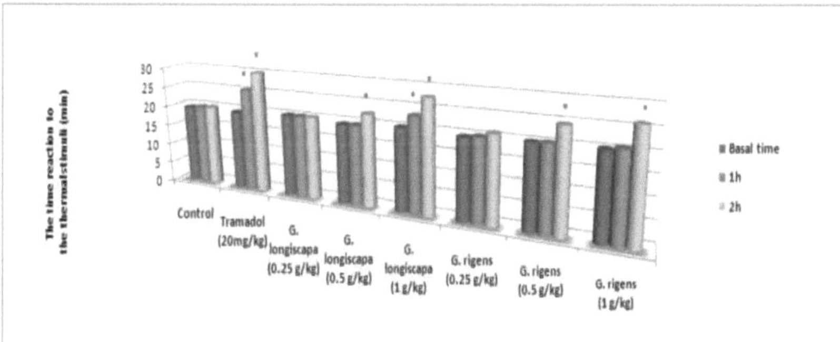

Figura 16. Efeito analgésico da administração oral de tramadol (20 mg/kg), extractos de partes aéreas de *G. longiscapa* e *G. rigens* (250 mg, 500 mg e 1000 mg/kg), na dor térmica utilizando o teste da placa quente.

Os dados representam o valor médio ± E.S. de seis ratos por grupo, mostrados nos valores basais (tempo zero), 1h e 2h para cada grupo (salina, tramadol, *G. longiscapa* e *G. rigens)*. As comparações estatísticas entre os valores basais (valores pré-droga) e pós-droga foram efectuadas utilizando ANOVA unidirecional e o teste de comparação LSD * = P <0,05.

Conclusão

Os nossos resultados destacam as diferenças entre os critérios macro e micro morfológicos de ambas as plantas que podem ser utilizados para a distinção entre as duas espécies, numa base macromorfológica podemos constatar que *G. longiscapa* não tem um caule aéreo claramente observado e tem uma flor grande em comparação com a de *G.rigens*, enquanto que do ponto de vista micromorfológico mostrou uma grande semelhança e os critérios mais fiáveis que podem ser utilizados para a distinção entre as duas espécies são proeminentes em amostras frescas e não são evidentes nas amostras em pó. Por outro lado, a caraterização genética de ambas as espécies de *Gazania* utilizando ADN polimórfico amplificado aleatoriamente (RAPD) e Repetição de Sequências Simples Intermédias (ISSR) mostrou que os primers OPC-04, OPC-19 e OPM-01 podem ser utilizados como indicadores para a obtenção de marcadores genéticos. Além disso, os primers OPB-09 e OPB-11 foram os mais eficazes na geração de bandas polimórficas na aplicação da técnica RAPD a ambas as plantas, pelo que podem atuar como marcadores para a autenticação de espécies, para além das caraterísticas morfológicas.

A impressão digital de proteínas revelou que a distância entre as duas espécies de *Gazania* estudadas não excedeu 22,2%, o que indica pouca variação entre os seus perfis SDS-PAGE e pode explicar qualquer semelhança a nível quimiotaxonómico.

O estudo da toxicidade aguda de ambos os extractos das partes aéreas *da Gazania* revelou que a planta é segura para administração oral. *A G. rigens* é mais potente como anti-inflamatório do que a *G. longiscapa*. Por outro lado, *a G. longiscapa* apresenta maior potência na atividade antinociceptiva periférica e central. Esta atividade biológica pode dever-se à presença de compostos fenólicos e flavanoidais no género, tal como foi relatado anteriormente.

Conflito de interesses

Nenhuma declaração.

Agradecimentos

Este trabalho foi apoiado financeiramente pela Future University no Egito.

Referências

Bruce AB. e Tod FS., *Flavanoid of the sunflower Family (Asteracea)*, ed. S. Wien, New York; 2001. S. Wien, Nova Iorque; 2001.

Watt JM. e Breyer-brandwijk MG. *The Medicinal and poisonous Plants of southern and eastren Africa*, Livingstone, Londres; 1962.

Taha SE, Mona HH, Shahira ME e Amany AS. Estudos farmacognósticos e biológicos sobre os rizomas de *Gazania nivea* DC cultivados no Egito. *Boletim da Faculdade de Farmácia da Universidade do Cairo* 2008; **46 (2):** 253-265.

Hala MH. Investigação fitoquímica biologicamente orientada de *Gazania rigens* L. *Alex J de ciências farmacêuticas* 2009; **23 (2)**: 96-100.

Ahmed SI. Estudo farmacognóstico de *Gazania rigens R.B.* família Compositae cultivada no Egito. *Tese de Mestrado*, Faculdade de Farmácia, Universidade de Assuit. 1981.

Normalização de medicamentos à base de plantas, publicado em julho de 1999. Recuperado em: <www.swatijaininst.com/etechno/arunjain.doc>.

Karihaloo JL, Kaur M, Singh S. Seed protein diversity in Solanum melongena L. and its wild and weedy relatives. *Genetic Resources and Crop Evolution* 2002; **49(6):** 533-9.

Miege MN. Tipos e distribuição de proteínas. In: Boulter D, Parthier B, editores. Nucleic acids and proteins in plants, *Encyclopedia of Plant Physiology* 1982, **14:** 291-345.

Ladizinsky G, Hymowitz T. Seed protein electrophoresis in taxonomic and evolutionary studies. *Theoretical and Appl Genetics* 1979; **54**: 145-51.

Williams JK; Kubelisk AR, Livak KJ, Rafalski JA, Tingey SV. O polimorfismo do ADN amplificado por iniciadores arbitrários é útil como marcadores genéticos. *Nucleic Acids Research* 1990; **18**: 6531-5.

Stegmann H. *Caracterização das proteínas da batata e índice das variedades europeias*. In: Hawkes JG, Lester RN, Skelding AD, editores. Biology and taxonomy of the Solanaceae. Academic Press 1979; 229-84

Suleyman H, Demircan B, Karagoz Y, Oztasan N e Suleyman B. Anti-inflammatory effects of selective COX-2 inhibitors. *Pol J of Pharmacology* 2004; **56**: 775-80.

Sacerdote P, Bianchi M, Manfredi B e Panerai A E. Effect of tramadol on immune responses and nociceptive thresholds in mice. *Pain* 1997; **72**: 325-30.

Reitman S e Frankel S. Um método colorimétrico para a determinação de
determinação das transaminases glutâmica oxaloacética e glutâmica pirúvica. *American J of Clinical Pathology* 1957; **28**:56-63.

Teger-Nilsson, AC. Determinação da creatinina sérica utilizando uma resina de permuta iónica. *Scandinavian J of Clinical and Lab Investigation* 1961; **13**: 326-31.

Tabaco A, Meiattini F, Moda E e Tarli P. Determinação enzimática/colorimétrica simplificada do azoto ureico sérico. *Química Clínica* 1979; **25**: 336-7.

Winter CA, Risley EA e Nuss GW. Edema induzido por carragenina nas patas traseiras do rato como um ensaio para fármacos anti-inflamatórios. *Actas da Sociedade de Biologia Experimental e Medicina* 1962; **111:** 544-52.

Obukowicz MG, Welsch DJ, Salsgiver WJ, Martin-Berger CL, Chinn KS e Duffin KL. Noval, inibidores selectivos da dessaturase dos ácidos gordos 6 ou 5 como agentes antinflamatórios em ratos. *J de Pharmacology and Experimental Therapeutics* 1998; **287**: 157-66.

Koster R, Anderson M, De Beer EJ. Ácido acético para rastreio analgésico. *Actas da Federação* 1959; **18**: 412.

Collier HDJ, Dinnin LC, Johnson CA, Schneider C. The abdominal response and its suppression by analgesic drugs in mouse. *Br J of Pharmacology* 1968; **32(4)**:295-310.

Egesie UG, Chima KE, Galam NZ, Efeitos anti-inflamatórios e analgésicos do extrato aquoso de AloeVera (Aloe barbadensis) em ratos. *Afr J Biomed* 2011; **4**: 201-9.

Eddy NB e Leimback D. Analgésicos sintéticos.il. Ditienil-butenil e ditienilbutilaminas. *J of Pharmacology and Experimental Therapeutics* 1953; **107 (4)**:385-93.

Bailey LH. *Manual of cultivated plants*, Cornell University, The Macmillan Company, New York, p. 1012; 1958.

Semler DE. *The Rat Toxicology in Animal Models in Toxicology*. Nova Iorque, Basileia, Hong Kong: Marcel Dekke, 1992; p. 39.

MIX
Papier aus verantwortungsvollen Quellen
Paper from responsible sources
FSC® C105338

Printed by Books on Demand GmbH, Norderstedt / Germany